Fritz Frech

Geologie der Umgegend von Haiger bei Dillenburg (Nassau)

Nebst einem palaeontologischen Anhang

Fritz Frech

Geologie der Umgegend von Haiger bei Dillenburg (Nassau)
Nebst einem palaeontologischen Anhang

ISBN/EAN: 9783741173356

Hergestellt in Europa, USA, Kanada, Australien, Japan

Cover: Foto ©Klaus-Uwe Gerhardt /pixelio.de

Manufactured and distributed by brebook publishing software
(www.brebook.com)

Fritz Frech

Geologie der Umgegend von Haiger bei Dillenburg (Nassau)

Geologie

der

Umgegend von Haiger

bei Dillenburg (Nassau).

Nebst einem palaeontologischen Anhang.

Von

Dr. Fritz Frech.

—

Herausgegeben

von

der Königlich Preussischen geologischen Landesanstalt.

———

Hierzu 1 geognostische Karte und 2 Petrefacten-Tafeln.

Sonderabdruck
aus den Abhandl. zur geol. Specialkarte von Preussen und den Thüring. Staaten.
Band VIII, Heft 4.

BERLIN.
In Commission bei der Simon Schropp'schen Hof-Landkartenhandlung.
(J. H. Neumann.)
1887.

Einleitung und Historisches.

Auf das Vorkommen von oberdevonischem Korallenkalk in der Dillenburger Gegend ist bereits bei früheren Gelegenheiten[1]) von mir hingewiesen worden. Seitdem habe ich den Gegenstand weiter verfolgt und auch die übrigen Schichten des überaus mannichfaltig zusammengesetzten Gebiets zwischen Dillenburg und Haiger in den Bereich der Untersuchung gezogen. Bei der Ausführung derselben hatte ich mich der liebenswürdigen Unterstützung meines Vetters, des Herrn KARL MISCHKE (jetzt in Weilburg) und des Herrn Bergverwalter RÖTZEL in Haiger zu erfreuen, denen ich hiermit meinen herzlichen Dank ausspreche.

Die Geologie der Dillenburger Gegend ist zuerst im Jahre 1858 ausführlich von C. KOCH[2]) behandelt worden. Die palaeozoischen Kalke werden in diesem Werke für mitteldevonisch erklärt, eine Meinung, die mit Rücksicht auf die geringe Zahl der bekannten Versteinerungen und die petrographische Uebereinstimmung mit dem weitverbreiteten Stringocephalenkalk sehr erklärlich erscheint. v. DECHEN schliesst sich in der geologischen Karte der Rheinprovinz und der Provinz Westfalen, sowie in den Erläuterungen

---

[1]) Zeitschr. d. Deutsch. geol. Ges. Bd. 27, 1885, S. 58, 217, Sitzungsbericht 947.

[2]) Jahrbücher des Vereins für Naturkunde im Herzogthum Nassau, D. 13, S. 85—329.

dazu[1]) durchaus an Koch's Auffassung an. Später sind über die
Geologie des oberen Dillgebietes nur vereinzelte Mittheilungen meist
petrographischen Inhalts veröffentlicht worden[2]). Eine erneute
Bearbeitung und Aufnahme des Gebiets durch C. Koch wurde
leider durch den Tod des hochverdienten Forschers unterbrochen.
Veröffentlicht ist nur die Beschreibung des wichtigen Profils vom
Schlierberg über den Frauenberg nach der Kupfererzgrube Stangenwang[3]). Frohwein folgt im geologischen Theile seiner Beschreibung des Bergreviers Dillenburg wesentlich der Darstellung
v. Dechen's.

Geologische Beschreibung.

Das älteste Gebirgsglied der Gegend von Haiger bilden die
unteren Coblenzschichten mit Porphyroiden. Südöstlich folgen
die oberen Coblenzschichten, welche conform von einer mäch-
tigen Schichtenfolge des Orthocerasschiefers, der unmittelbaren
Fortsetzung des Wissenbacher Zuges überlagert werden. Darüber liegen Mittel- und Oberdevonbildungen in ausserordent-
licher petrographischer Mannichfaltigkeit, die durch den schnellen
Wechsel der gleichzeitig abgelagerten sedimentären, eruptiven und
tuffartigen Gesteine bedingt ist. Weiter im SO., nicht mehr im
Bereich des kartographisch dargestellten Gebiets, folgt der Culm.
Das Streichen der palaeozoischen Schichten ist im allgemeinen von
WSW. nach ONO. gerichtet. Das Fallen ist, abgesehen von
einigen, durch untergeordnete Falten bedingten Abweichungen, ein
südöstliches. Bedeutendere Verwerfungen konnten nicht festgestellt werden; der rasche Gesteinswechsel innerhalb der Streichrichtung ist durch das häufig beobachtete zungenförmige Inein-
andergreifen der verschiedenen Gebirgsarten zu erklären.

[1]) II. S. 31, 160.
[2]) W. Schaff, Untersuchungen über massische Diabase. Verhandlungen
des naturhistorischen Vereins der preussischen Rheinlande u. Westphalens. Bd. 37,
1880, S. 19. 20.
[3]) Zeitschr. d. Deutsch. geol. Ges. Bd. 33, 1881, S. 519, 520.

Das Grundgebirge wird im S. von tertiären (?oligocänen) Thonschichten mit Braunkohlenflötzen überlagert. Auf dem Tertiär liegen Basaltdecken von geringer Ausdehnung. Diluvialer Lehm mit Schotterbasis findet sich nahe der Stadt in weiter Erstreckung.

1. Die obersten Coblenzschichten.

Auf dem linken Dillufer liegt zwischen der Papiermühle und dem hangenden Orthocerasschiefer, der durch einen Dachschiefer-Bruch aufgeschlossen wird, eine verhältnissmässig schmale Thonschieferzone, die den obersten Coblenzschichten zuzurechnen ist und nach Westen zu unter der Lehmdecke verschwindet. In derselben befindet sich unmittelbar unter der Grenze des Orthocerasschiefers an dem von der Papiermühle nach dem Bruch führenden Fahrwege einer der reichsten Fundorte, die aus diesem Horizont bekannt[1]) sind. In besonderer Menge finden sich hier *Atrypa reticularis* L. sp. und *Orthis striatula* SCHL. sp., oft noch mit wohlerhaltener Kalkschale. Ausserdem sind häufig *Spirifer speciosus* auct.[2]), *subcuspidatus* SCHNUR mut. *alata* KAYSER, *curvatus* SCHLOTH. Weiter sind zu nennen:

Cryphaeus stellifer BURMEISTER sp.
Conocardium aff. *Bocksbergense* HALFAR
Cypricardinia aff. *lamellosa* SANDB.
Myalina bilsteinensis F. ROEMER sp. var.
Avicula (Actinopteria) dillensis nov. sp.[3])
Rhynchonella Orbignyana DE VERN.
Pentamerus galeatus DALM.
Nucleospira lens SCHNUR sp.
Athyris concentrica v. BUCH sp.
Centronella Gaudryi OEHLERT[4])
Spirifer auriculatus SANDB. (*cultrijugatus* auct.)

[1]) Einige Arten hat C. Koch bereits von dort namhaft gemacht (l. c. S. 199 ff. und Jahrbuch d. Kgl. preuss. geol. Landesanst. für 1880, S. 224).
[2]) Den von Koch angeführten *Spirifer macropterus* habe ich nicht gefunden.
[3]) Die Beschreibung dieser Art wird im zweiten Theile des Heftes erfolgen.
[4]) Bulletin de la société d'études scientifiques d'Angers, 1883 (Extr.), p. 9, fig. 10—17.

Spirifer curvatus SCHLOTH.
   »   *triserta* KAYSER
   »   *Mischkei* nov. sp.[1]
Cyrtina heteroclita DEFR.
Orthis eifliensis VERN.
   »   *lodanensis* nov. sp.[1]
   »   *dormplana* nov. sp.[1]
Anoplotheca venusta SCHNUR
Streptorhynchus umbraculum SCHLOTH.[2]
Strophomena rhomboidalis WAHL.
   »   *lepis* BRONN
   »   *piligera* SANDB.
   »   aff. *spatulatae* A. ROEM.
   »   *interstrialis* PHILL.
   »   nov. sp.
Chonetes dilatata DE KON.
Lingula spatula SCHNUR
Crinoidenstiele
Zaphrentis ocata LUDWIG sp.[3]
Petraia sp.
Pleurodictyum problematicum GOLDF.

Von diesen Arten besitzen die meisten allgemeine Verbreitung im Mittel- und Unterdevon; für das Unterdevon sind *Spirifer auriculatus*, *Strophomena piligera* und *Anoplotheca venusta* besonders bezeichnend, dagegen haben *Nucleospira lens*, *Orthis eifliensis*, *Athyris concentrica* und *Strophomena lepis* ihre Hauptverbreitung im Mitteldevon. In der untersten Mitteldevonstufe, den Schichten mit *Spirifer cultrijugatus*, kommen *Rhynchonella Orbignyana* und *Spirifer subcuspidatus* SCHNUR var. *alata* KAYSER vor. Die meisten Arten sind dem Unter- und Mitteldevon gemeinsam. Am bemerkenswertesten ist der Umstand, dass die sonst in den Coblenzschichten allgemein verbreitete *Orthis hysterita* GMEL. hier bereits von der

---

[1] Vergleiche den palaeontologischen Anhang.
[2] Die Steinkerne dieser Art sind von QUENSTEDT als *Orthis strigosa* bezeichnet worden (Brachiopoden, Tab. 56. Fig. 55, 56).
[3] *Hexagonophyllum ocatum* LUDWIG, Palaeontographica Bd. 14, Tab. 14, Fig. 3.

mitteldevonischen *Orthis striatula* SCHLOTH. ersetzt worden ist. Man hat es also mit einer wohl charakterisirten Uebergangsschicht von Mittel- nnd Unterdevon zu thun, die jedoch, besonders da underwärts in derselben der letzte *Homalonotus* (*H. obtusus* SANDB.) vorkommt, noch zum Unterdevon zu rechnen ist.

Die Schichten der Haigerer Papiermühle stehen stratigraphisch und palaeontologisch dem von KAYSER aus dem Liegenden des Kupbacher Orthocerasschiefers beschriebenen [1]) Unterdevon sehr nahe. Nur kommt an dem letzgenannten Fundort der charakteristische *Pentamerus Heberti* OEHLERT vor und an Stelle von *Orthis striatula* findet sich *Orthis hysterita*. Auf die stratigraphische Uebereinstimmung der oberen Coblenzschichten von Haiger nnd dem Kupbachthal mit den oolithischen Rotheisensteinen der Eifel und der oberen Grauwacke von Hierges ist bereits an anderer Stelle[2]) hingewiesen worden.

Diese obersten Coblenzschichten dürften dem oberen Theile von F. MAURER's Cultrijugatusstufe[3]) entsprechen. Der Name ist wenig glücklich gewählt — vor allem deshalb, weil in der Cultrijugatusstufe MAURER's *Spirifer cultrijugatus* F. ROEM. nicht vorkommt. Der dieser Art nahe stehende *Spirifer auriculatus* SANDB. ist durch verschiedene Merkmale stets zu unterscheiden. Zudem ist eine Verwechselung mit der Cultrijugatuszone des Mitteldevon der Eifel überaus leicht möglich. Endlich entspricht gerade die Cultrijugatusstufe MAURER's im wesentlichen den oberen Coblenzschichten KOCH's, die man, ohne den älteren Namen fallen zu lassen, in weitere Zonen gliedern kann.

2. Der Orthocerasschiefer.

Der Orthocerasschiefer überlagert die oberen Coblenzschichten gleichförmig und bildet auf beiden Ufern der Dill ein ziemlich breites Band, das im nordöstlichen Fortstreichen die bekannten

---

[1]) Jahrbuch der Kgl. preuss. geolog. Landesanst. für 1883, S. 11, 12.
[2]) FAZER, die Cyathophylliden und Zaphrentiden des devonischen Mitteldevon (Palaeontologische Abhandl., herausgeg. von DAMES u. KAYSER, III, H. 3), S. 13.
[3]) Die Fauna des rechtsrheinischen Unterdevon, Darmstadt 1886, S. 4 und S. 24—35.

Aufschlüsse von Wissenbach enthält, während es im SW. unter
der Tertiärbedeckung allmählich verschwindet. Der Orthocerasschiefer ist blauschwarz, sehr regelmässig geschichtet und meist
ziemlich dickbänkig; zuweilen finden sich in der unteren Abthei-
lung Lager, die als Dachschiefer verwerthbar sind. Auf dem rechten
Dillufer erscheinen eingelagert wenig mächtige, quarzitische Bänke,
die möglicherweise ein zusammenhängendes Lager bilden. Diabas-
Einlagerungen finden sich häufig, besitzen jedoch meist nur geringe
Ausdehnung. Schalsteine treten untergeordnet auf. Beide Gesteine
stimmen mit den oberdevonischen Schalsteinen und Diabasen im
wesentlichen überein und sollen im Zusammenhang mit diesen
besprochen werden.

Ein eigenthümliches, lagerartig im Orthocerasschiefer[1] auf-
tretendes Gestein ist in dem Eisenbahneinschnitt am Schlierberg
aufgeschlossen und von W. SchACK näher beschrieben worden.
Dasselbe besteht aus (zersetztem) Augit und Plagioklas: unter den
accessorischen Mineralien treten besonders Titaneisenkrystalle (bis
4 Millimeter Länge), sehr zahlreiche Apatitnädelchen und Magnesia-
glimmer hervor. Hornblende ist selten; dagegen findet sich häufig
secundär gebildeter Kalkspath. Schack bezeichnet das Gestein als
glimmerführenden Proterobas.

Die beiden von Kayser im Rupbachthal und bei Wissenbach
unterschiedenen Horizonte des Orthocerasschiefers konnten bei
Haiger nicht von einander getrennt werden, da bestimmbare Versteinerungen hier zu den grössten Seltenheiten gehören. Nur in
der Dachschiefergrube zwischen Schlierberg und der Papiermühle
sammelte ich ein Stück von *Orthoceras planicanaliculatum* Sandb.(?)[2]

Stellenweise bildet nach C. Koch Tentaculitenschiefer[3] mit
Einlagerungen von Kieselschiefer ein geschlossenes Lager auf der
Grenze gegen die höheren Schichten.

[1] Nicht im »Spiriferensandstein« wie Schack schreibt. (Verhandl. d. naturhistorischen Vereins d. preuss. Rheinlande und Westphalens. Bd. 37, 1880, S. 20.)
[2] Sandberger, Versteinerungen des rheinischen Schichtensystems in Nassau,
Tab. 18, Fig. 4.
[3] Derselbe wurde auf der Karte ebensowenig wie die Quarzitbänke ausgeschieden, da beide verhältnissmässig untergeordnet auftreten und das Haupt-
gewicht in der vorliegenden Arbeit auf das Oberdevon gelegt ist.

3. Oberes Mitteldevon und Oberdevon.

Oberes Mitteldevon und Oberdevon sind in dem vorliegenden Gebiet aus sehr mannichfachen Gesteinen zusammengesetzt, lassen sich jedoch weder durch petrographische noch durch palaeontologische Merkmale von einander trennen. In den den Orthocerasschiefer überlagernden Schichten sind in sehr geringer Entfernung von dem letzteren typische Oberdevonkorallen wie *Phillipsastraea Hennahi* LONSDALE sp. gefunden worden. Der Fundort liegt östlich der Grube Gnade Gottes und ist nicht mehr auf der Karte verzeichnet. Ich sammelte die Versteinerungen in einem sehr kalkreichen Schalstein auf der Halde eines neuerdings abgeteuften kleinen Stollns.

Die Gesteine, aus denen Mittel- und Oberdevon in der Gegend von Haiger bestehen, sind: Diabas, Orthoklasporphyr, Schalstein, Rotheisenstein, Cypridinenschiefer mit eingelagerten Kramenzelkalken und Grauwackenbänken, Kieselschiefer und Kalkstein von sehr mannichfaltiger Beschaffenheit.

Die stratigraphische Stellung der Orthocerasschiefer zwischen einem sehr hohen Horizonte des Unterdevon und typischen Oberdevonbildungen weist demselben zweifellos seine Stellung im Mitteldevon an. Möglicherweise vertritt derselbe nicht nur die Calceolaschichten, sondern auch noch einen grossen Theil des Stringocephalenkalks und würde somit an die Goslarer Schiefer des Oberharzes erinnern — entsprechend der älteren Auffassung A. ROEMER's. Jedenfalls lässt das, nicht durch Verwerfungen zu erklärende Auftreten von Oberdevon unmittelbar über Orthocerasschiefer eine solche Vermuthung gerechtfertigt erscheinen.

Die von Herrn F. MAURER angeführten palaeontologischen Thatsachen[1], welche für ein unterdevonisches Alter der fraglichen Schiefer sprechen sollen, sind ohne Beweiskraft, da derselbe nicht angiebt, aus welchem Horizonte von Wissenbach oder Balduinstein die angeführten Versteinerungen stammen. Dass an beiden Orten Schiefer von unter- und mitteldevonischem Alter vorkommen, ist bereits bekannt. Ferner führt derselbe als »Formen

---

[1] Zeitschr. der Deutsch. geol. Ges. 1886, S. 683.

des Unterdevons *Rhynchonella livonica* v. B. und *Pleurodictyum* conf.
problematicum GOLDF. an. *Rhynchonella livonica* besitzt jedoch ihre
Hauptentwickelung im oberen Mitteldevon Russlands und die
Gattung *Pleurodictyum* reicht mit einigen, dem *Pl. problematicum*
nahe stehenden Arten bis in den Kulm hinauf. — Die verticale Verbreitung der Gastropoden und Zweischaler ist noch zu wenig
erforscht, um stratigraphische Folgerungen zu gestatten.

A. Die Gesteine des Oberdevon.

Der Diabas erscheint körnig, porphyrisch oder mandelsteinartig
ausgebildet; aphanitische Varietäten wurden nicht beobachtet. Der
körnige und mandelsteinartige Diabas nimmt zuweilen schiefriges
Gefüge an. Die verschiedenen Ausbildungen gehen oft unmerklich
in einander über und lassen unter dem Mikroskop[1]) eine in den
Grundelementen gleichartige Zusammensetzung erkennen. Die
verschiedenen Varietäten wurden daher kartographisch nicht weiter
getrennt.

Der Diabas besteht aus stark zersetztem Augit und Plagioklas,
der ebenfalls meist mehr oder weniger umgewandelt ist. Als
häufiger accessorischer Gemengtheil wurde in allen Dünnschliffen
Titaneisen gefunden, dessen eigenthümlich zerhackte, skeletartige
Gestalt nicht zu verkennen ist. Eisenkies erscheint makroskopisch
an einem, im unmittelbaren Hangenden des Orthocerasschiefers
anstretenden Diabas. Ein halbwegs zwischen den Lauberg und
Medenbach anstehender Diabas enthält etwas glasige Zwischenmasse
(Diabasporphyrit ROSENBUSCH); ein anderer ebenfalls im Hangenden
des Iberger Kalkes südöstlich vom Wildweiberhäuschen vorkom-
mendes Diabasgestein[2]) enthält accessorisch Olivin. Die porphyrisch ausgeschiedenen Krystalle sind fast durchweg grosse, meist
wohlbegrenzte Plagioklase. Die blasenartigen Hohlräume des
Mandelsteins sind mit Kalkspath ausgefüllt.

Zu den Diabasen gehören sämmtliche im Orthocerasschiefer
eingelagerte Gesteine, die KOCH in seiner ersten Arbeit als Diorite

[1]) Bei der Untersuchung der Dünnschliffe hat mich Herr Professor Horn
in liebenswürdigster Weise unterstützt.

[2]) Aufgeschlossen in einer mitten im Walde gelegenen kleinen Grube.

bezeichnet hat. Ebenso sind die auf der Grenze von Kulm und Oberdevon auftretenden »Eisenspilite« desselben Verfassers (Melaphyr der DECHEN'schen Karte) zum Theil zu den körnigen Diabasen, zum Theil zu den Diabasporphyriten mit halbglasiger Basis zu rechnen. Ein typischer körniger Diabas ist z. B. nach der mikroskopischen Untersuchung das unmittelbar an dem Dorfe Medenbach anstehende, als »Melaphyr« angegebene Gestein. Ebenso sind die in der Umgebung von Donsbach vorkommenden Eruptivgesteine nichts anderes als Diabas. Die Karte von C. KOCH (und im Anschluss daran die DECHEN'sche Karte) giebt südwestlich von dem letztgenannten Orte eine von Eisenspilit (Melaphyr) umgebene Special-Mulde von Kulm an. Ich habe an der entsprechenden Stelle in dem Diabas nur einige Einlagerungen von rothem Cypridinenschiefer wahrgenommen, der von dem sonst weitverbreiteten, sehr charakteristischen Gesteine nicht unterschieden werden kann. Weiter ist hervorzuheben, dass nordwestlich von Medenbach, wo die DECHEN'sche Karte ein grösseres Kalkvorkommen angiebt, nur Eruptivgestein ansteht.

Die Frage, ob in bestimmten geologischen Horizonten auch bestimmte Gesteinsvarietäten wiederkehren, wie dies im Harz, z. B. in der Elbingeroder Mulde von LOSSEN nachgewiesen ist, liess sich bei dem verhältnissmässig geringen Umfang des aufgenommenen Gebietes nicht mit Sicherheit entscheiden. Es wurde bereits darauf hingewiesen, dass ein eigenthümlicher, Glimmer und Hornblende führender Diabas im Orthocerasschiefer auftritt, während im Hangenden des oberdevonischen Korallenkalks andere Varietäten gefunden werden, welche Olivin bezw. Zwischenmasse führen. Auch nach den übereinstimmenden Angaben von C. KOCH und SCHAAF[1]) treten die letzteren, die »Eisenspilite« KOCH's, an der Grenze von Oberdevon und Kulm auf. An der oberen Grenze des Orthocerasschiefers bezw. ein wenig höher scheinen die porphyrischen Diabase (Labradorporphyr) in besonderer Häufigkeit aufzutreten; jedoch ist ein zusammenhängendes Lager, wie es die DECHEN'sche Karte angiebt, an dieser Stelle wohl kaum vorhanden.

---

[1]) SCHAAF, l. c. S. 30.

Der Diabas bildet ausgedehnte Massen, so zwischen Donsbach, Medenbach und dem Wildweiberhäuschen, oder linsenförmige Einlagerungen, die sich in sämmtlichen Schichten des Mittel- und Oberdevon in allgemeiner Verbreitung finden. Die Diabaslager halten selten im Streichen auf weitere Strecken hin an. Nur wenige von den kleinen Einlagerungen bezeichnen wohl eine selbstständige Eruption; die meisten dürften als die Reste von ausgedehnteren untermeerischen Lavadecken aufzufassen sein, die ausserdem das Material zur Bildung der Diabastuffe (der Schalsteine) geliefert haben.

Der Schalstein ist von C. KOCH[1]) ausführlich beschrieben worden; es mag nur hervorgehoben werden, dass derselbe ein Trümmergestein darstellt, das neben dem eruptiven Material Reste aller älteren Gesteine, insbesondere der Kalke und Thonschiefer enthält. Feldspathkörner finden sich in bestimmten Lagen sehr häufig, Quarzkörner sind selten. Ein verhältnissmässig geringer Eisengehalt verleiht dem verwitternden Gestein die charakteristische braune Farbe. Gewisse schiefrige Diabase sind besonders im verwitterten Zustande dem Schalstein oft sehr ähnlich, um so mehr, da die Eruptivgesteine und die Tuffe durch Wechsellagerung mit einander verbunden sind. Jedoch lässt das Vorkommen klastischer Gemengtheile und der bedeutendere Kalkgehalt den Schalstein fast stets mit Sicherheit unterscheiden.

Man kann nach der Korngrösse der Gemengtheile feinkörnigen und mittelkörnigen Schalstein sowie Schalsteinconglomerat unterscheiden; natürlich sind die Grenzen keineswegs scharf. In den Kalkstücken des Schalsteinconglomerats finden sich besonders zahlreiche Korallen, die offenbar wegen ihrer bedeutenderen Härte der Abrollung grösseren Widerstand entgegengesetzt haben.

Unter den Einschlüssen des Schalsteins ist besonders ein zwischen Wachholderberg und Hoheroth vorkommender Porphyr bemerkenswerth, der zu den Orthoklasporphyren (Keratophyr, Lahnporphyr) gehört.

[1]) Palaeozoische Schichten und Grünsteine in den Aemtern Dillenburg und Herborn S. 216 ff. und S. 238.

Anstehend findet sich dieser Orthoklasporphyr nach der
v. DECHEN'schen Karte am linken Ufer des Rombachthals in einem
inselartigen Vorkommen. Auch Herr Professor KAYSER hat, wie
derselbe mir gütigst mittheilte, das Vorhandensein eines kleinen
Lagers von diesem Gestein dort nachgewiesen [1].

Die Rotheisensteinlager [2] treten fast stets dort auf, wo
der Schalstein an andere Felsarten grenzt, und sind wohl zum
Theil als umgewandelte, vererzte Theile des ersteren aufzufassen.
In der Grube Constanze, deren Lager einen Sattel bildet (vergl.
unten), findet sich der Schalstein in der Axe des Sattels im Liegenden des Lagers, ist aber an der Oberfläche nicht beobachtet.
Aehnliche Verhältnisse scheinen in der Grube Bergmannsglück bei
Donsbach zu herrschen, deren Lager die Fortsetzung des ersteren
bilden dürfte. Die Eisensteine, welche die Gruben Stangenwaag
und Gnade Gottes abgebaut haben, bezw. abbauen, liegen auf der
Grenze von Schalstein und Cypridinenschiefer; Kalk fehlt hier vollständig. Das Vorkommen beweist, dass die Rotheisensteine nicht
sämmtlich, wie KOCH annahm, aus Kalkschichten entstanden
sind. Zweifellos sind ja manche Eisensteine nur als eisenreiche
Kramenzelkalke anzusehen; doch scheint gerade diese letztere Um-
wandlung in dem aufgenommenen Gebiet seltener erfolgt zu sein.

Der Thonschiefer, welcher in den sämmtlichen Horizonten des Oberdevon häufig auftritt, besitzt braungraue, meist
jedoch rothe Farbe und ist durch transversale Schieferung in
überaus feine Lagen zertheilt. Die wahre Schichtung erkennt
man am besten in den Kramenzelknollen, welche hie und da,
z. B. zwischen Donsbach und Stangenwaag in dem Schiefer auftreten. Glimmer ist in den Schiefern fast immer enthalten, ebenso
Quarz. Der letztere nimmt stellenweise so überhand, dass quarzitische Einlagerungen entstehen. Eine solche findet sich südlich
der Grube Stangenwaag, besitzt jedoch nur geringe Mächtigkeit.
Das Gestein ist ein grauer, sehr fester Quarzit mit zahlreichen
weissen Glimmerschüppchen.

---

[1] Auf der beiliegenden Karte ist dasselbe nicht angegeben.
[2] Genauere Angaben bei FROWEIN, Beschreibung des Bergreviers Dillenburg S. 36 ff., S. 80 ff.

Auch Kieselschieferlagen von schwarzer Farbe treten hie und da im Cypridineuschiefer auf; z. B. sind solche bei der Anlage des Stollns No. 3 der Grube Constanze (s. u.) mehrfach durchfahren worden. Auch an der Contactstelle von Schalstein und Diabas im Rombachthal wurden wenig mächtige Kieselschiefer beobachtet. (Vergl. das unten folgende Profil.)

Die Mächtigkeit der oberdevonischen Kieselschiefer und Quarzite ist sehr gering, so dass dieselben auf der Karte nicht ausgeschieden wurden.

Der oberdevonische Kalk tritt in dem vorliegenden Gebiet in drei, leicht unterscheidbaren Abänderungen auf: Ein grauer, massiger, undeutlich oder gar nicht geschichteter Kalkstein erscheint südlich und südöstlich von Langenaubach in bedeutender Ausdehnung und bildet ausserdem Einlagerungen von geringerem Umfang im Schalstein, Cypridineuschiefer und Diabas. Das östlichste Vorkommen des massigen Kalkes wurde auf dem linken Ufer des Aubachs gegenüber dem Wildweiberhäuschen beobachtet. Der Kalk enthält an den meisten Stellen bestimmbare Korallenreste und ausserdem an einigen wenigen Fundorten Brachiopoden.

Zwischen Donsbach und dem Schlierberg sind an Stelle des massigen Kalkes dünngeschichtete, thon- und quarzreiche Kalkschiefer den übrigen Gesteinen eingelagert.

Endlich finden sich vereinzelt bunte Krameuzelkalke, die sowohl dem massigen Kalk wie dem Cypridineuschiefer eingelagert sind und allmälige Uebergänge zu beiden Gesteinen erkennen lassen.

B. Die Lagerungsverhältnisse.

Die verschiedenen, soeben beschriebenen oberdevonischen Gesteine wechsellagern in ziemlich mannichfaltiger Weise mit einander, sodass keines als charakteristisch für einen bestimmten Horizont angesehen werden kann. Das Eingreifen von Diabaslagern in die sedimentären Schichten und das dadurch bedingte Auskeilen des einen oder des anderen Gebirgsgliedes wurde an mehreren Aufschlüssen beobachtet. Der Wechsel von Diabas, Schalstein und Cypridineuschiefer erfolgt oft so rasch, dass eine auch nur einigermassen genaue Wiedergabe im Maassstabe der

Karte unmöglich ist. Am besten lassen sich diese Verhältnisse an der alten Rheinstrasse westlich vom Kornberge beobachten.

Die häufig beobachtete Wechsellagerung erklärt wiederum, dass in derselben Streichrichtung so überaus verschiedenartige Gesteine auftreten. Dies abwechselnde Auftreten von sedimentären, eruptiven und tuffartigen Gesteinen ist wohl auf den ursprünglichen Absatz verschiedenartigen Materials zurückzuführen. Querverwerfungen erklären diesen Gesteinswechsel nicht in hinreichendem Maasse; zudem sind dieselben in dem vorliegenden Gebiet fast regelmässig durch das Auftreten Kupferkies-haltender Quarzgänge gekennzeichnet.

Die bedeutendste dieser Störungslinien verläuft von Stangenwang nach Donsbach und besteht aus letzteren Orte aus 13 dicht nebeneinander liegenden Kupferkies-führenden Quarzgängen, bezw. Gangtrümern, die auf der Karte vereinigt werden mussten. Die Störung scheint in einem Absinken des östlichen Flügels zu bestehen, da, wie durch den Bergbau nachgewiesen wurde, das Eisensteinlager der Grube Bergmannsglück im O. der Verwerfung aufhört. Auch das Aneinandergrenzen von Schalstein und Cypridinenschiefer, welche Gesteine in zahlreichen Aufschlüssen beobachtet wurden, scheint in dem vorliegenden Falle auf derselben Störung zu beruhen.

Auch bei der südlich von der Grube Gnade Gottes angenommenen Verwerfung ist das Eisensteinlager im O. verschwunden. Auf das Vorhandensein dieser letzteren Störung bin ich durch die neuere Aufnahme von C. Koch aufmerksam geworden, deren Benutzung[1]) ich der Zuvorkommenheit von Herrn Professor Kayser verdanke. Dieselbe bezieht sich nur auf den nordwestlichen Theil des dargestellten Gebiets, scheint aber auch dort noch nicht zum Abschluss gebracht worden zu sein.

Die allgemeinen Lagerungsverhältnisse sind einfacher Art: Von NNW. nach SSO. überlagern die jüngeren Schichten die älteren in regelmässiger Folge. Dieses einfache Bild wird nur durch einige untergeordnet auftretende Specialfalten etwas verwickelter. Ueber Tage würden dieselben wegen des häufigen Gesteinswechsels schwer festzustellen sein; doch hat der Eisensteinbergbau solche

---

[1]) Nach der Vollendung meiner Aufnahme.

mit voller Sicherheit nachgewiesen. Das von Stangenwaag nach Gute Hoffnung streichende Eisensteinlager macht eine S-förmige Biegung, wie die während des Betriebes vom Markscheider aufgenommenen Profile erkennen lassen.

Ein gleiches Verhältniss waltet wahrscheinlich bei der Grube Constanze ob. Das folgende Profil[1]) zeigt allerdings nur einen

SO.   NW.

Grube Constanze im Rombachthal bei Langenaubach.
Kn Kalkstein.   *Ki* Kieselschiefer.   *RE* Rotheisensteinflötz.   *S* Schalstein.
D Diabas.

Sattel mit gleichsinnig fallenden Flügeln. Der hangende und liegende Kalk entsprechen einander höchst wahrscheinlich, die Diabaslinse ist von untergeordneter Bedeutung und keilt sich nach unten zu aus. Die dritte in NNW. zu erwartende Wiederkehr des Eisensteinlagers ist bisher noch nicht beobachtet. Ein Auskeilen des Schalsteins und Eisensteins würde mit den sonstigen, in dem vorliegenden Gebiete gemachten Erfahrungen keineswegs im Widerspruche stehen.

Das abgebildete Profil ist von besonderer stratigraphischer Wichtigkeit, weil das Eisensteinlager die unten zu besprechenden Goniatiten, der liegende Kalk dagegen im weiteren Fortstreichen die charakteristischen Brachiopoden und Korallen des Iberger Kalks enthält. Der Rotheisenstein ist also jedenfalls älter als der Kalk.

Zur Vervollständigung des Profils nach unten mag noch das Verzeichniss derjenigen Schichten folgen, welche in einem unter-

---

[1]) Dasselbe ist gezeichnet nach einem während des Betriebs aufgenommenen Profil und ergänzt nach eigenen Beobachtungen. Man erkennt in einem im Sommer 1885 noch in Betrieb befindlich gewesenen Tagebau das zweimal wiederkehrende Lager; die Sattelstellung war anstehend nicht mehr zu beobachten.

halb am Bergabhang angesetzten Stolln im Liegenden des Eisensteinlagers durchfahren wurden. No. 6 ist der bereits auf dem Profil angegebene liegende Kalk. Es folgen von NNW. nach SSO. :

1) 20 Meter[1]) rother Thonschiefer,
2) 30 » blaugrauer Thonschiefer,
3) 30 » Diabas,
4) 75 » grauer dickbänkiger Kalk,
5) 4 » schwarzer Kieselschiefer,
6) 23 » grauer dickbänkiger Kalk,
7) 15 » schwarzer Kieselschiefer,
8) 2 » Rotheisensteinflötz,
9) 85 » Schalstein[2]),
10) 2 » Rotheisensteinflötz.

Die Faltung war, wie das nachstehende an der Mündung des Rombachs aufgenommene Profil zeigt, in dem untersuchten

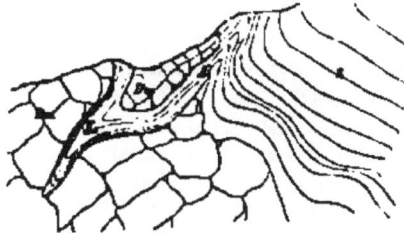

Un Ungeschichteter Diabasmandelstein. *Ki* Kieselschiefer.
S Geschichteter Diabastuff (Schalstein), in Kieselschiefer übergehend.

Gebirgstheil eine ziemlich heftige. Dieselbe macht sich in unliebsamer Weise auch darin geltend, dass die aus dem Eisenstein stammenden Goniatiten sämmtlich mehr oder weniger verdrückt sind. Dagegen sind die aus der Gegend von Oberscheld und

---

[1]) Die wirkliche Mächtigkeit der Schichten ist geringer. Bei dem nicht unbedeutenden Wechsel des Fallwinkels (60°—80°) ist eine Berechnung werthlos.

[2]) Die Mächtigkeit des Schalsteins wird nach der Oberfläche zu wesentlich geringer.

Eibach stammenden Exemplare in demselben Gestein weit besser erhalten.

C. Die Versteinerungen des Oberdevon.

Von den beschriebenen Gesteinen enthalten die massigen Korallenkalke die meisten Versteinerungen; aus denselben stammen auch die im Schalstein enthaltenen Kalkknollen. Eine kleine Cephalopodenfauna ist in den Eisensteinen der Grube Constanze gefunden worden. Die dunkelgefärbten Thonschiefer haben nur an einer Stelle undeutliche Abdrücke von Tentaculiten und Ostracoden geliefert.

Aus dem westlich der Grube Gnade Gottes in einem Stolln gebrochenen Schalstein (s. o.) sammelte und bestimmte ich folgende Arten:

> *Phillipsastraea ananas* LONSDALE sp.
> *Favosites dillensis* FRECH [1])
> *Alveolites suborbicularis* LAM.
> *Striatopora subaequalis* M. EDW. et H. sp.
> *Syringopora incrustata* FRECH.

Die letztgenannte Art ist anuwachsen von:

> *Stromatoporella* sp.

Von diesen Arten sind *Phillipsastraea ananas* und *Syringopora incrustata* für den Iberger Kalk charakteristisch, *Striatopora subaequalis* kommt dagegen sonst nur im oberen Stringocephalenkalk vor und wurde hier zum ersten Male im Oberdevon beobachtet [2]).

Von den Korallen sind weiter verbreitet *Cyathophyllum caespitosum* GOLDF., *Alveolites suborbicularis* LAM., *Striatopora vermicularis* M'COY sp., *Favosites cristata* BLUMENB. sp., *Amphipora ramosa* M'COY sp., *Actinostroma clathratum* NICHOLS. Diese Arten finden sich im oberen Roubachthal und in der Kalkmasse zwischen Hokeroth und der Grube Stangenwaag an verschiedenen Stellen, die durch das Versteinerungszeichen hervorgehoben sind. Auch *Atrypa reticularis* kommt hie und da vor. Einiges Interesse ver-

---

[1]) Zeitschr. d. Deutsch. geol. Ges. Bd. 37, 1885, S. 947, 948. (Textbild.)
[2]) Die Angabe GOSSELET's über das Vorkommen dieser Art im belgischen Frasnien ist palaeontologisch noch nicht völlig gesichert.

dient das Vorkommen von *Amphipora ramosa*, die zuerst von
E. Schulz und neuerdings von Nicholson in seinem grundlegenden
Werk über die Stromatoporoiden ausführlich beschrieben worden
ist. Die Art war bisher nur aus dem mittleren[1]) und oberen
Stringocephalenkalk bekannt, an dessen obere Grenze sie in der
Eifel und der Paffrather Mulde einige Bänke fast ausschliesslich
zusammensetzt. In unserem Gebiet fand sie sich in ziemlicher
Häufigkeit im obersten Rombachthal und in der südlichen, auf
der Karte nicht mehr angegebenen Kalkmasse von Breitscheid
unmittelbar bei dem letzteren Orte am Wege nach Medenbach.
Auch in der Elbingeroder Mulde habe ich die Art vor kurzem
aufgefunden. Hier setzt sie an der Basis des oberdevonischen
Korallenkalks gegenüber der Pulvermühle (Rapbode) einige Bänke
fast ausschliesslich zusammen, und kommt andererseits auch hier
im oberen Stringocephalenkalk zahlreich vor.

Der reichste Fundort der Iberger Fauna findet sich in einer
Pinge zwischen Rombachthal und Nanuberg im nordwestlichen
Flügel des von dem Eisensteinlager gebildeten Sattels. Die zahl-
reichen nachfolgend angeführten Arten kommen mit Ausnahme
von *Conocardium vilmarense* sämmtlich im unteren Oberdevon des
Harzes vor. Auch das Gestein ist dem Kalke, welcher die
Klippe des Ibergs und Winterbergs bei Grund zusammensetzt,
zum Verwechseln ähnlich. Ich sammelte an dem erwähnten
Fundort:

    Actinostroma clathratum Nicholson (?)
    Syringopora incrustata Frech
    Favosites cristata Blumenb. sp. (häufig)
    Alveolites suborbicularis Lam. (häufig)
    Striatopora vermicularis M'Coy sp. (häufig)
    Endophyllum priscum Münst. sp. (sehr selten)
    Cyathophyllum caespitosum Goldf.
         ,   *heterophylloides* Frech
    Phillipsastraea pentagona Goldf. sp. (sehr häufig)
         ,   *pentagona* var. *micrommata* Fehd. Roem.
             (sehr häufig)

---
[1]) Soetenich.

Phillipsastraea Roemeri VERN. et HAIME sp. (sehr häufig)
Productus subaculeatus MURCH.
Orthis striatula SCHLOTH.
Atrypa reticularis L.
    »   *aspera* SCHLOTH.
Athyris concentrica v. BUCH sp.
Spirifer Archiaci M. V. K. [1])
    »   *deflexus* A. ROEM.
    »   *simplex* PHILL.
Pentamerus galeatus DRFR. (häufig)
Rhynchonella cuboides SOW.
    »   *pugnus* DRFR.
Conocardium hystericum SCHLOTH. sp.[2]) (selten)
    »   *cilmarense* ARCH. VERN. (selten)
Naticopsis inflata A. ROEM. sp.
    »   *microtricha* A. ROEM. sp. (selten)
Naticodon excentricus A. ROEM. (selten).

Von den genannten Arten wurden einige ausserdem in einem einige Hundert Meter westlich im Kalk angesetzten Stollu gefunden; *Productus subaculeatus* ist nur hier vorgekommen.

In dem Eisensteinlager der Grube Constanze sind bisher folgende Arten gefunden worden:

Goniatites (*Prolecanites*) *lunulicosta* SANDB.[3])
    »   »   *Beckeri* (GOLDF.) L. v. BUCH[3])
    »   »   *tridens* SANDB.[3])
    »   (*Triainoceras*) *costatus* ARCH. VERN.
    »   (*Gephyroceras*) *aequabilis* DRFR.
    »   »   *lamellosus* SANDB. (?)
    »   (*Tornoceras*) *mithracoides* n. sp.[3])
Cyrtoceras sp.
Orthoceras sp.

---

[1]) Russie d'Europe. Vol. II. p. 155, t. 4, f. 5. Dieselbe Form kommt in den unteren Oberdevonkalken von Büdesheim vor.
[2]) = *Conocardium trapezoidale* A. ROEM. sp. (von Grund beschrieben).
[3]) Vergleiche den palaeontologischen Anhang.

Herrn Bergwerksdirector Hörzel in Haiger bin ich für die
Ueberlassung von zahlreichen Goniatiten, sowie für die Mit-
theilung des oben (p. 15) angeführten Grubenprofils zu vielem
Danke verpflichtet.

D. Die Gliederung des unteren Oberdevon.

Dieselben Goniatiten, welche im Eisenstein der Grube Constanze vorkommen, sind an anderen Punkten der Dillenburger
Gegend gefunden worden. So liegen[1]) von der Grube Volpertseiche bei Eibach *Goniatites arquabilis* BEYR., *tridens* SAND. und
mithracoides n. sp.[2]) vor; auch *Goniatites Becheri* v. Buch und
sublamellosus SAND., von Eibach entstammen höchst wahrscheinlich
derselben Schicht. Ferner ist *Goniatites lunulicosta* (= *Becheri*
BEYR.) von Ueilstein bei Oberscheld durch BEYRICH beschrieben
worden. Die reichste Fauna findet sich nach den in der Sammlung der geologischen Landesanstalt befindlichen Stücken auf der
Grube Anna bei Oberscheld. Die Untersuchung der nachfolgenden
Arten wurde mir durch die liebenswürdige Zuvorkommenheit der
Herren Professor Dr. Branco und Dr. Ebert ermöglicht.

      Goniatites (Prolecanites) lunulicosta SAND.
      »   »   *Becheri* L. v. B.
      »   »   *tridens* SAND.
      »   »   *clacilobus* SAND.[3])
      »   (*Triainoceras*) *costatus* ARCH. VERN.
      »   (*Gephyroceras*) *forcipifer* SAND.
      »   »   *lamellosus* SAND.

Charakteristisch für die Goniatitenfauna dieser Eisensteine ist
das Fehlen von *Goniatites intumescens* und der zahlreichen mit
demselben verwandten Arten oder Varietäten[4]), sowie die Ab-

[1]) Die nachstehend angeführten Arten befinden sich sämmtlich in dem Mu-
seum der geologischen Landesanstalt und stammen zum grössten Theil aus der
Koch'schen Sammlung.
[2]) Vergleiche den palaeontologischen Anhang.
[3]) Auch von Grube Neuenburg bei Oberscheld bekannt.
[4]) *Goniatites complanatus* SAND., *intumescens* var. *acuta* SAND., *serratus* STEIN.,
paucistriatus ARCH. VERN., *carinatus* BEYR., *primordialis* v. Buch: ebenso fehlt *Clim.
calculiformis*.

2*

wesentheit des typischen *Goniatites simplex* v. Buch. Die beiden
Subgenera *Gephyroceras* und *Tornoceras* sind allerdings vertreten,
jedoch durch Arten, die wiederum niemals in Gesellschaft von
Goniatites intumescens und *simplex* gefunden worden sind. Besonders
wichtig ist endlich das Vorkommen des *Goniatites (Anarcestes)
cancellatus* D'Arch. Vern., der aus dem Eisenstein der Grube
Sessacker bei Oberscheld vorliegt. Derselbe findet sich bekannt-
lich bereits in den oberen Schichten des Stringocephalenkalks von
Paffrath und ist besonders für die oberste Zone des Mitteldevon,
den Rotheisenstein von Brilon, charakteristisch. Da nun keine
Merkmale für das Vorkommen des obersten Mitteldevon sprechen,
dürfte das fragliche Exemplar wohl dem bei Oberscheld verschiedent-
lich beobachteten Horizont des *Goniatites lunulicosta* entstammen.
Diese Annahme gewinnt an Wahrscheinlichkeit dadurch, dass *Goniatites clavilobus* Sandb. ebenfalls aus dem obersten Stringocephalenkalk und den Dillenburger Rotheisensteinen bereits bekannt ist.

Da nun die Eisensteine mit *Goniatites lunulicosta* unter dem
Iberger Kalk liegen, in welchem an dem typischen Fundort *Goniatites
intumescens, carinatus* Beyr., *serratus* v. B., *primordialis* Schl. sp.,
simplex v. B., *auris* Quenst. u. s. w. vorkommen, so kann wohl
kein Zweifel darüber bestehen, dass die ersteren einen besonderen,
an der Basis des Oberdevon liegenden Horizont bezeichnen. Diese
Schichten kann man am einfachsten als unterstes Oberdevon
oder auch als Zone des *Goniatites lunulicosta* bezeichnen. Ihre
Zugehörigkeit zum Oberdevon ergiebt sich aus dem Vorkommen
primordialer Goniatiten. Das unterste Oberdevon ist zwar in der
Dillenburger Gegend wegen seiner heteropen Verschiedenheit vom
Iberger Kalk besonders deutlich entwickelt, scheint jedoch auch an
anderen Orten nicht zu fehlen. So erscheinen am Martenberg bei
Adorf nach Holzapfel die *Goniatites lunulicosta* nahe verwandten
Goniatites (Deloceras) multilobatus Beyr. und *Kayseri* Holzapfel in
den untersten Schichten des Oberdevon, die man somit den Eisensteinen mit *Goniatites lunulicosta* vergleichen kann. Ferner findet sich
in den an der Basis des Büdesheimer Oberdevon liegenden Kalken
eine neue Art, *Goniatites triphyllus* [1]), die zwischen *Goniatites tridens*

[1]) Vergl. den palaeontologischen Anhang.

und *lunulicosta* stebt und somit auf das unterste Oberdevon der Dillenburger Gegend hinweist. Zusammen mit dieser interessanten Form fand ich *Goniatites (Tornoceras) auxarensis* STEIN., *Goniatites intumescens* und *Cryphaeus supradevonicus* n. sp.[1]), die jüngste, wahrscheinlich auch in Belgien vorkommende Art der Gattung.

Wenn somit auch die Vertheilung der Goniatiten in der Eifel nicht ganz mit der bei Dillenburg beobachteten übereinstimmt, so ist doch die Fauna der Büdesheimer Kalke von der der hangenden Goniatitenmergel so abweichend, dass man beide Schichtengruppen wohl — entsprechend der älteren Auffassung KAYSER's — als zwei verschiedene Horizonte auffassen muss.

Man kennt aus den Goniatitenmergeln von Büdesheim bisher folgende, z. Th. auch im Iberger Korallenkalk vorkommende Cephalopoden:

Goniatites (*Tornoceras*) *simplex* v. B. typus[2])
» » *auris* QUENST.
» » *auxarensis* STEINING
» » *eifliensis* STEINING
Goniatites (*Gephyroceras*) *orbiculus* BEYR.
» » *complanatus* SANDB.
» » *affinis* STEINING
» » *serratus* STEINING
» » *calculiformis* BEYR.
» » *nodosus* STEINING
Bactrites *gracilis* SANDB. (?)
» *carinatus* MÜNST.

Auch die Brachiopoden zeigen in den beiden fraglichen Bildungen einige wohl nicht allein durch Faciesverschiedenheit zu erklärende Abweichungen; z. B. erscheint in den Kalken *Camarophoria formosa* SCHNUR, die in den Mergeln nicht vorhanden ist[3]), und der im Kalke vorkommende *Spirifer Archiaci*

---

[1]) Vergl. den palaeontologischen Anhang.
[2]) Die Synonymik dieser Arten ist festgestellt durch E. BEYRICH, Erläut. zu den BEYR'schen Goniatiten. Zeitschr. d. Deutsch. geol. Ges. 1884, S. 203.
[3]) Es ist daran zu erinnern, dass *Camarophoria subreniformis* noch im oberen Oberdevon von Nehden bei Brilon vorkommt, wo die andere Art ebenfalls fehlt.

Vens. (*Veneuili* Münch. bei Kayser[1]) fehlt wiederum in den Mergeln.

Bei Aachen entsprechen jedenfalls die unteren Schichtengruppen, welche v. Dechen in seiner eingehenden Gliederung des Oberdevon aufführt[2], dem untersten Oberdevon; doch ist die Faciesverschiedenheit zu gross und die Zahl der l. c. namhaft gemachten Versteinerungen zu gering, um eine genauere Abgrenzung durchführen zu können.

In Belgien ist das untere Oberdevon durch Gosselet in zwei Unterstufen getheilt worden, von denen die liegende die »Schiefer und Kalke von Frasnes«[3] dem untersten kalkigen Oberdevon von Büdesheim ziemlich genau entsprechen dürfte. Kayser hat bereits hervorgehoben, dass *Camarophoria formosa*, *Spirifer pachyrhynchus* Vens. (= *euryglossus* Schnur) in dem entsprechenden Horizont hier wie dort vorkommen. Auch *Goniatites intumescens* wird bereits aus den Schiefern und Kalken von Frasnes angeführt.

Den Gedanken, dass die Dillenburger Eisensteine mit *Goniatites lunulicosta* einen besonderen Horizont an der Basis des Oberdevon darstellen, hat zuerst Herr Geheimrath Beyrich in der anfangs dieser Arbeit (p. 1 Anm.) erwähnten Sitzung der Deutschen geologischen Gesellschaft ausgesprochen.

Allerdings darf man nicht aus dem Auge verlieren, dass dieses unterste Oberdevon nur local entwickelt ist; schon in der Eifel und in Belgien ist die Vertheilung der Versteinerungen nicht ganz übereinstimmend (*Goniatites intumescens*). Andererseits beobachtet man im südlichen Frankreich (Cabrières, Gegend von Montpellier), wo das Oberdevon in den meisten Beziehungen mit der deutschen Entwickelung übereinstimmt, nur die Zonen des unteren, mittleren (Nehden) und oberen Oberdevon (Clymenenkalk). Eine weitere Theilung des unteren Oberdevon erwies sich als unausführbar. Ganz ähnliche Erfahrungen machte ich übrigens im Mitteldevon dieser Gegend. Während in der Eifel 6 Zonen wohl unter-

---

[1] Zeitschr. d. Deutsch. geol. Ges. 1881, S. 351.
[2] Geologische und palaeontologische Uebersicht der Rheinprovinz und der Provinz Westfalen. S. 183.
[3] Gosselet. Esquisse géologique du Nord de la France. p. 95 ff.

scheidbar sind, liessen sich hier im ganzen Mittelevon nur 3
Horizonte von einander abgrenzen.

4. Das Tertiär.

Die das Devon unmittelbar überlagernden Tertiärbildungen
bestehen im wesentlichen aus dem im Nassauischen weitverbreiteten
plastischen, weissen Thon, der technisch mannichfach verwerthet
wird. Derselbe enthält weissen Quarzsand oder -Kies und zuweilen Braunkohlenflötze. Die letzteren finden sich in ziemlicher
Ausdehnung zwischen Breitscheid, Rabenscheid und Langenaubach,
also südwestlich von dem auf der beiliegenden Karte dargestellten
Gebiet; im Bereich desselben steht nur im südlichsten Theile ein
wenig mächtiges, aus blättriger Braunkohle bestehendes Flötz-
chen an, das stellenweise zu Tage ausgeht, aber den Abbau
kaum lohnt.

Eine Schicht von Pyrolusit, die allerdings nur wenige Centimeter Mächtigkeit besitzt, ist ferner (nach freundlicher Mittheilung
des Herrn Rötzel) auf dem linken Ufer des Aubachs gegenüber
von Langenaubach nachgewiesen worden.

Ein weiteres nutzbares Mineral ist der Phosphorit, der in
unregelmässigen Knollen über den Kalksteinen des Rombachthals
und besonders mächtig bei Breitscheid gefunden und verschiedent-
lich ausgebeutet wird.

Die oberste Lage des Tertiärs bildet stellenweise, so an dem
über die Höhe von Langenaubach nach Breitscheid führenden
Wege, ein sehr feiner bräunlicher Thon, der als Walkerde in der
Tuchfabrikation Anwendung findet.

Das Tertiär wird im südwestlichen Theile des aufgenommenen
Gebiets von Basaltdecken überlagert. Rechts und links von dem
Wege Langenaubach-Breitscheid ist in den Walkerdegruben ein
grobkörniges, doleritisches Gestein entblösst, das grosse, deutlich
wahrnehmbare Olivinkörner enthält. Diese Basaltdecke ist[1], ab-

----

[1] Dieselbe ist auf der v. Dechen'schen Karte nicht angegeben, da die Aufschlüsse erst aus neuerer Zeit herrühren.

weichend von der bei Breitscheid vorkommenden, nur 5—6 Meter,
höchstens 7 Meter mächtig, und geht nach O. zu in lockeren,
nur vereinzelte feste Blöcke enthaltenden Basalttuff über, während
sie im S. bald aufhört.

Unter dem Basalt liegt an der fraglichen Stelle: 1) Walkerde,
2) weisser Quarzsand, 3) weisser Thon mit einem Braunkohlen-
flötz.

Ein genaues Profil durch die südliche Fortsetzung dieser
Bildungen (zwischen Breitscheid und Rabenscheid) hat neuerdings
VON DECHEN[1]) veröffentlicht. Auch an dieser Stelle bildet der
Basalt das Hangende; darunter folgen Thone, die mit zwei Braun-
kohlenflötzen und mehreren Schichten von Basalttuff wechsel-
lagern.

Aus einem noch weiter südlich (zwischen Breitscheid und
Gusternhain) anstehenden Thon stammen nach demselben Ver-
fasser[2]) zwei Gastropoden des Hochheimer Landschneckenkalks,
Pupa quadrigranata A. BRAUN und *Zonites subverticillus* REUSS,
die somit ein oberoligocänes oder untermiocänes Alter dieser und
der weiter nördlich vorkommenden Tertiärbildungen erweisen.

5. Das Diluvium.

Der Lehm ist in ziemlicher Mächtigkeit (5—6 Meter) in Hohl-
wegen und Lehmgruben am westlichen Ausgang von Haiger vor-
züglich aufgeschlossen. Auch die Schotterbasis ist hier deutlich
wahrnehmbar. Ueberhaupt ist der Lehm durchweg reich an Bruch-
stücken des unterlagernden Gesteins, besonders aber der widerstands-
fähigeren Schiefer und Grauwacken, so dass man über die Kar-
tirung oft im Zweifel ist. Jedoch sind gute Aufschlüsse zwar
sparsam, aber doch ziemlich gleichmässig vertheilt. Der Lehm ist
besonders verbreitet zwischen Haiger, Flammersbach und Allen-
dorf, sowie nördlich von diesen Orten. Hier tritt nur auf den
höheren Erhebungen der Petersbach und in der Stadt Haiger

[1]) Geologische und palaeontologische Uebersicht der Rheinprovinz und der
Provinz Westfalen, p. 551.
[2]) L. c. p. 558.

anstehendes Gestein zu Tage; auf kleineren Kuppen, so westlich
der Stadt, findet sich nur die Schotterbasis. In geringer Ausdehnung erscheint der Lehm westlich von Haiger, sowie oberhalb
von Langenaubach; überall verleiht derselbe durch seine gerundeten
Oberflächenformen — im Gegensatz zu den steil abfallenden
Devonbergen — der Landschaft ein sehr charakteristisches Ge-
präge.

Palaeontologischer Anhang.

A. Versteinerungen des untersten Oberdevon.

Goniatites.

Subgenus **Prolecanites** E. von Mojsisovics.

Cephalopoden der mediterranen Trias-provinz, S. 199.
Prolecanites Hyatt, Proceedings of the Boston society of natural history.
Vol. 22. 1884. p. 336.
= *Sandbergeroceras* = *Pharciceras* Hyatt, l. c. p. 336.

Ueber die Zusammengehörigkeit von *Pharciceras* und *Prolecanites* kann nach Vergleich der vorliegenden Exemplare von *Goniatites lunulicosta (Prolecanites)* mit *Goniatites tridens* und *clarilobus (Pharciceras)* kein Zweifel bestehen. Die Lobenlinie von *Goniatites lunulicosta* [1]) stimmt sogar in geringfügigen Einzelheiten mit der von *Goniatites clarilobus* [2]) überein. Die Sutur des *Goniatites tridens* aber unterscheidet sich von der des *Goniatites lunulicosta* nur durch geringere Zahl der Seitenloben und die etwas unbedeutendere Grösse des Externsattels. Ebensowenig finden sich erheblichere Unterschiede in der äusseren Form. *Sandbergeroceras* unterscheidet sich durch das Vorhandensein von Rippen, die jedoch bei *G. lunulicosta* bereits angedeutet sind.

Der Name *Prolecanites* wurde beibehalten, da Mojsisovics l. c. das Vorhandensein eines einspitzigen Exterolobus ausdrück-

[1]) Sandberger, Versteinerungen Nassau's, Taf. III. Fig. 14c.
[2]) Kayser, Zeitschr. d. Deutsch. geol. Ges. 1873. S. 667; doch sind bei den hier gegebenen Holzschnitten die Spitzen der Loben nur undeutlich wahrnehmbar.

lich als wesentliches Merkmal hervorhebt. Allerdings gehört der
L. c. an erster Stelle als Typus der Gattung genannte *Goniatites
microlobus* SANDB., Verstein. Nass. Taf. 8 Fig. 13 zu dem mit
dreispitzigen Externlobus versehenen *Prosorites* MÜN.; Taf. 9 Fig. 6
bei SANDBERGER lässt darüber keinen Zweifel. Die Abbildung
Taf. 8 Fig. 13 hat zu dem Missverständniss Anlass gegeben, weil
der Externtheil der Schale fehlt; die Darstellung der Lobenlinie
l. c. Fig. 13a ist daher ebenfalls an dieser Stelle unvollständig
und erweckt in der That die Vorstellung, dass der Externlobus
einspitzig sei.

Die Verbreitung von *Prolecanites* ist in geologischer Hinsicht
insofern eigenthümlich, als die Untergattung im obersten Mitteldevon und untersten Oberdevon mit fünf Arten erscheint, um
dann zu verschwinden und mit anscheinend unveränderten Merk-
malen im Kohlenkalk wiederzukehren. Wenigstens zeigen *Goniatites
Lyoni* HALL. aus dem Kohlenkalk von Indiana[1]) und *Goniatites
Henslowi* (SOW.) BARROIS[2]) weder in der äusseren Form, noch in
der Gestalt der Lobenlinie erhebliche Abweichungen von *Goniatites
innulicosta*.

Goniatites (Prolecanites) innulicosta SANDB.

Taf. II. Fig. 3a, 3a₁, 3a₂, 3b.

1856. *Goniatites innulicosta* SANDBERGER, Versteinerungen des rheinischen
Schichtensystems in Nassau, S. 69, Taf. 3,
Fig. 14 · 14g.

Der ausführlichen Beschreibung SANDBERGER's ist nur hinzuzu-
fügen, dass nach den zahlreichen vorliegenden Stücken unmittelbar
über der Naht noch ein flacher kleiner Laterallobus deutlich ausgebildet ist und dass die inneren Windungen bei sehr guter Erhaltung
der Oberfläche in regelmässigem Abstande kleine knotenförmige
Anschwellungen erkennen lassen.

Die Art ist in dem Dillenburger Rotheisenstein zusammen mit
Goniatites tridens die häufigste Form der Gruppe.

[1]) HALL. Illustrations of Devonian fossils. Tab. 83, Fig. 9—11; Tab. 84, Fig. 7
[2]) BARROIS, Terrains anciens des Asturies et de la Galice, Tab. 14. Fig. 3.

Grube Anna und Sessacker (?) bei Oberscheld, Constanze bei
Langenaubach.

Goniatites (Prolecanites) Becheri (GOLDF.) L. v. BUCH.

Taf. II, Fig. 4a, 4b, 4β.

1837. *Goniatites Becheri* BEYRICH, de Goniatitis, S. 3, Taf. I, Fig. 7, 8.
1884.   »   »   »   Erläut. zu den Goniatiten L. v. Buch's,
                                 S. 211. Zeitschr. d. Deutsch. geol. Ges.

In der letztgenannten Schrift macht BEYRICH auf die Verschiedenheit des *Goniatites Becheri* von *Goniatites lunulicosta* aufmerksam. Die Gebrüder SANDBERGER hatten Beide für gleichartig ge-
halten und einen neuen Namen nur ihren eigenthümlichen nomen-
clatorischen Grundsätzen zufolge gegeben. Die Untersuchung des
grösseren in der Sammlung der geologischen Landesanstalt befindlichen Materials hat die Annahme BEYRICH's durchaus bestätigt.
Goniatites Becheri stimmt allerdings in der Lobenlinie mit der zuerst
beschriebenen Art überein, abgesehen davon, dass im gleichen Ent-
wickelungsstadium der fünfte Laterallobus weniger deutlich ist als bei
Goniatites lunulicosta. Jedoch ist die äussere Form viel involuter. Ein
Exemplar von mittlerer Grösse (4,2 Centimeter Durchmesser) unterscheidet sich in dieser Beziehung nicht von dem nachher zu be-
schreibenden *Goniatites tridens* SANDB. Während jedoch bei dieser
Art auch in späteren Altersstadien die Gestalt mehr kugelig und
der Querschnitt eines Umgangs gerundet bleibt, wird *Goniatites
Becheri* hochmündig; der Externtheil eines Umgangs ist wie bei
Goniatites lunulicosta von zwei gerundeten Kanten begrenzt.
(Fig. 4a.) Bei Fig. 4β lässt sich der Verlauf des Sipho deutlich
beobachten; derselbe ist zwischen den Kammerwänden ein wenig
angeschwollen.

Die Art scheint nur vereinzelt vorzukommen. Das Original-
Exemplar BEYRICH's stammt von Beilstein bei Oberscheld; die am
besten erhaltenen Stücke der geologischen Landesanstalt von Oberscheld sind ohne genauere Ortsangabe; zwei weitere, weniger gut
erhaltene Exemplare wurden auf der Grube Constanze bei Langenaubach gefunden.

Goniatites (Prolecanites) tridens SANDB.

Taf. II, Fig. 5, 5a, 5a, 5a¡.

1842 (?). *Goniatites lateatriatus* AUCH. VERN., Transactions of the geological society, Vol. VI (2. Ser.), p. 341. Tab. 26, Fig. 5.

1849. *Goniatites multispilatus* QUENSTEDT (non L. v. BUCH), Cephalopoden, S. 64, Taf. 3, Fig. 3a.

Die Ungleichheit der verschiedenen Loben und Sättel ist bereits von SANDBERGER mit Recht hervorgehoben worden. Besonders bemerkenswerth ist die Grösse des zweiten Lateral-Sattels (Haupt-lateral-Sattel SANDB.) und die Kleinheit der beiden, der Naht zunächst liegenden Loben und Sättel[1]. Jedoch verliert sich diese Ungleichheit mit zunehmendem Alter, so dass das allgemeine Ansehen der Lobenlinie den beiden vorher beschriebenen Arten ähnlich wird. QUENSTEDT's Figur 3b giebt ein ziemlich richtiges Bild. Den Gebrüdern SANDBERGER standen nur kleine Exemplare von 27,6 Millimeter Scheibendurchmesser zur Verfügung. (l. c. Taf 4, Fig. 2.) Bei dem abgebildeten, ziemlich vollständigen Stück ist derselbe 7 Centimeter. Die Länge der Wohnkammer scheint 1½ bis ¾ Umgang zu betragen. Ob *Goniatites lateatriatus* ARCH. et VERN.[2] zu dieser oder der vorher beschriebenen Art gehört, ist schwer zu entscheiden, da nur die l. c. nicht abgebildete Lobenlinie die Unterscheidung von *Goniatites Beckeri* und *tridens* möglich macht.

Von *Goniatites tridens* wurden 10 Exemplare aus der Gegend von Oberscheld (die meisten aus Grube Auua) und ein Stück von Grube Constanze bei Langenaubach untersucht.

Goniatites (Prolecanites) triphyllus n. sp.

Taf. II, Fig. 2a, 2b, 2β.

Die neue Art unterscheidet sich durch die hochmündige, stark zusammengedrückte Form von allen bisher beschriebenen; am

[1] Die Lobenlinie auf einem der innersten Umgänge, dessen Rücken 2½ Millimeter breit ist, zeigt ausser dem Externloben nur einen grossen zugespitzten Sattel, der sich in der Nähe des Sipho zu theilen beginnt. An der Naht erscheint ein flacher Seitenloben.

[2] Geological Transactions, 2. Ser. VI, 1842, Tab. 26, Fig. 5.

nächsten steht sie in dieser Beziehung dem *Goniatites clavilobus*, ist jedoch etwas evoluter und an der Externseite von zwei stumpfen Kanten begrenzt. Der Scheibendurchmesser des grössten vorliegenden Exemplars, an dem ein Theil der Wohnkammer in der Länge eines halben Umgangs erhalten ist, beträgt 2,2 Centimeter. Loben und Sättel sind gleichmässig blattförmig gerundet. Man zählt ausser dem Externlobus 3 deutliche Seitenloben[1]; ein vierter kleiner Lobus ist in der Nähe der Naht angedeutet. Aehnlich wie bei *Goniatites tridens* ist der zweite Laterallobus und insbesondere der zweite Lateralsattel kräftiger als die übrigen ausgebildet.

3 Exemplare stammen aus den untersten kalkigen Oberdevonschichten (Cuboidesschichten KAYSER), welche den Höhenrücken nördlich von Büdesheim in der Eifel zusammensetzen.

Subgenus Tornoceras HYATT.
Goniatites (Tornoceras) mithracoides n. sp.
Taf. II, Fig. 1a, 1a, 1b, 1β.

Die Art unterscheidet sich von *Goniatites simplex*, dem sie unter den europäischen Formen am nächsten steht, durch die Schmalheit des Rückens und das Vorhandensein eines zugespitzten Externsattels; derselbe ist bei *Goniatites simplex* rund. Ferner ist die Grösse eine viel bedeutendere. Das grösste Exemplar, das allerdings nicht vollständig erhalten ist, scheint einen Decimeter Scheibendurchmesser besessen zu haben. Unter der Schale ist an einem anderen Exemplar die Runzelschicht deutlich wahrnehmbar; dasselbe zeigt ferner radiale, bogenförmig geschwungene Eindrücke, die von dem engen Nabel nach dem äusseren Theil der Schale verlaufen.

Die Art hat, wie der Name andeuten soll, die meisten Beziehungen zu *Goniatites (Tornoceras) mithrax* HALL[2] aus der oberen Helderberg-Gruppe (Unterdevon) des Staates New-York. Der Externsattel ist hier, ebenso wie bei *Goniatites (Tornoceras) peracutus* HALL[3] aus der Chemung-group zugespitzt, jedoch sind

[1] Der Name *triphyllus* bezieht sich hierauf.
[2] HALL, Illustrations of Devonian fossils. Albany 1876. Tab. 69, Fig. 7; Tab. 74, Fig. 14.
[3] l. c. Tab. 69, Fig. 8; Tab. 74, Fig. 13.

die Lateralsättel bei den amerikanischen Arten abweichend gestaltet. Die Zuspitzung des Externsattels erinnert durchaus an die Arten aus der Gruppe des *Goniatites (Aphyllites) Dannenbergi* und *tabuloides*. Von hierher gehörigen Formen steht *Goniatites (Aphyllites) discoides* WALDSCHMIDT[1]) aus dem Stringocephalenkalk von Wildungen der vorliegenden neuen Art durch die glockenförmige Gestalt seines Laterallobus am nächsten. Wenn man sich bei einer derartigen Kammerwand den Laterallobus etwas verschmälert und den oberhalb der Naht bereits angelegten Lateralsattel verbreitert denkt, so ergiebt sich die Sutur der Simplices.

Von *Goniatites (Tornoceras) mithracoides* liegt je ein Exemplar aus dem untersten Oberdevon (Rotheisenstein) der Gruben Volpersieche bei Eibach, Constanze bei Langenaubach, sowie von Oberscheld vor.

Von dem typischen, mit der Rüdesheimer Form durchaus übereinstimmenden *Goniatites simplex* befindet sich ein Exemplar von der Grube Königsberg bei Eibach in der Sammlung der geologischen Landesanstalt.

Cryphaeus.
Cryphaeus supradevonicus n. sp.
Taf. III, Fig. 7a, 7b, 7c, 7d.

Von der neuen Art liegen 5 mehr oder weniger wohl erhaltene Pygidien und der Abdruck des halben Kopfschildes vor; jedoch lassen diese Bruchstücke eine Reihe charakteristischer Merkmale erkennen, die eine Abtrennung von dem zunächst verwandten *Cryphaeus arachnoides* HOENINGH sp. durchaus rechtfertigen. Die Oberfläche der Schale ist bei der zuletzt genannten Art mit feinen Körnchen bedeckt, während sie bei *Cryphaeus supradevonicus* glatt erscheint; nur auf der Glabella und den Wangenschildern findet sich eine deutliche Granulirung. Der Umriss des Pygidiums ist bei der oberdevonischen Art ungefähr halbkreisförmig, bei der mitteldevonischen zugespitzt. Die breiten Pleuralringe des Pygidiums sind bei der letzteren Form oben mit einer deutlichen Längs-

[1]) Zeitschr. d. Deutsch. geol. Ges. 1885, S. 910, Taf. 39, Fig. 3—35.

furche versehen, während sie bei *Cryphaeus supradeconicus* als
scharf zulaufende, ungetheilte, schmale Rippen erscheinen. Endlich
ist das Längenverhältniss der Segmentanhänge des Pygidiums bei
beiden Arten abweichend: Bei *Cryphaeus arachnoides* sind die 4
langen vorderen Segmentstacheln einander gleich und der letzte,
fünfte, wesentlich kürzer; bei *Cryphaeus supradeconicus* ist auch
dieser fünfte erheblich kleiner, aber die 3 vorderen, nicht sehr
langen Stacheln werden von dem vierten an Ausdehnung etwa
um das Doppelte übertroffen.

Am Kopfschild verläuft eine bei der mitteldevonischen Art
nicht vorhandene Furche parallel zum äusseren Rande und der
vordere Lappen der Glabella ist bei der oberdevonischen Form
erheblich kleiner als bei jener. Die namhaft gemachten Unter-
scheidungsmerkmale gelten zum grösseren Theil auch für *Cryphaeus
stelifer* BURMEISTER sp., welcher zusammen mit *Cryphaeus arachnoides* im Mitteldevon der Eifel vorkommt. Das Pygidium der
erstgenannten Art ist noch abweichender gestaltet.

Cryphaeus supradeconicus wurde von mir in den an der Basis
des Oberdevon liegenden Plattenkalken zwischen Oos und der von
Büdesheim nach Prüm führenden Chaussee gesammelt und ist die
jüngste bisher bekannte Art der Gattung. Die Hauptentwickelung
von *Cryphaeus* fällt in das obere Unterdevon und nimmt von da
an allmälig ab.

B. Versteinerungen aus den obersten Coblenzschichten der Papiermühle bei Haiger.

Orthis.

Orthis ledanensis n. sp.

Taf. III, Fig. 4, 4a, 4b, 4c, 4y.

Herr F. MAURER hat zuerst auf das Vorkommen einer *Orthis*
aus der Gruppe der obersilurischen *Orthis elegantula* im rheinischen
Unterdevon hingewiesen[1]); jedoch ist aus seiner durch keine Ab-

[1]) Die Fauna des rechtsrheinischen Unterdevon. Darmstadt 1886, S. 16.
(*Orthis subelegantula* MAUR.)

bildungen erläuterten kurzen Beschreibung nicht ersichtlich, welche
der beiden hierher gehörigen Arten er im Auge gehabt hat. Man
würde an die nuten beschriebene *Orthis dorsoplana* denken, deren
»Umriss fast kreisrunde ist, wenn nicht Herr F. MACHER von
»sehr kräftigen Rippen der Oberfläche« spräche. *Orthis dorsoplana*
steht der *Orthis elegantula* näher als *Orthis lodanensis*.

Die Schale ist meist breiter als lang; Schlossrand und Seiten-
rand stossen fast unter rechtem Winkel an einander. Die Area
beider Klappen ist verhältnissmässig hoch, Ober- und Unterrand
divergiren nur wenig. Die grosse Klappe ist stark gewölbt, der
Schnabel übergebogen. Die kleine Klappe ist nur wenig erhöht
und von einem ganz flachen, nach dem Rande hin erweiterten
Sinus durchzogen. Die Radialrippen sind fein und dichotomiren
nach dem Rande zu.

Auf dem Steinkern sind in der grossen Klappe die Muskeleindrücke schwach ausgeprägt; nur auf dem weit vorspringenden
schmalen Schnabel sind radiale Furchen deutlich wahrnehmbar.
Die Muskeleindrücke der kleinen Schale sind durch eine kräftige
gerundete Leiste getrennt, die in etwas verschmälerter Form bis
unter den Wirbel fortsetzt. Der Umriss der Muskeleindrücke
gleicht ungefähr einem rechtwinkeligen Dreieck, dessen Hypotenuse
an der Medianleiste liegt. Eine Sonderung in einen kleinen drei-
eckigen, nach der Mitte zu liegenden, und einen trapezförmig be-
grenzten, dem Schlossrande genäherten Eindruck ist deutlich er-
kennbar. Die Zähne sind in beiden Klappen kräftig entwickelt
und deutlich quergestreift.

Bei *Orthis elegantula* [1]) haben die Muskeleindrücke der kleinen
Klappe einen mehr gerundeten Umriss, in dem Schnabel des
Steinkerns der grossen Klappe findet sich eine ziemlich tiefe,
mediane Einsenkung. Im Aeusseren unterscheidet sich die ober-
silurische Art durch stärkere Wölbung beider Klappen und durch
den regelmässigen Verlauf der Radialrippen; Einschiebung neuer
Rippen findet nur in sehr geringem Maasse statt. Die ebenfalls
in diese Gruppe gehörige *Orthis renata* SCHNUR aus dem Mittel-

---

[1]) BARRANDE. Système silurien du centre de la Bohème. Vol. VI, t. 65.

3

deron der Eifel unterscheidet sich besonders durch das Vorhandensein eines tiefen Sinus in der kleinen Klappe.

Ausser bei Haiger, von wo das einzige Schaleuexemplar
stammt, findet sich *Orthis Iodanensis* in den oberen Coblenzschichten
bei Oberlahnstein und Coblenz. 6 Exemplare in der geologischen
Landesanstalt und der Sammlung des Verfassers.

Orthis dorsoplana n. sp.

Taf. III, Fig. 5a, 5x, 5b, 5c.

Die Art unterscheidet sich von der zuerst beschriebenen vor
allem durch den fast kreisrunden Umriss; nur der Schnabel ragt
etwas vor. Die Schale ist mit feinen dichotomirenden Streifen
bedeckt. Der Schlossrand ist schmal und entspricht nicht, wie
bei *Orthis Iodanensis*, der grössten Breite der Schale. Die Area
der grossen Klappe ist hoch. Die letztere erscheint etwas schwächer
als bei der oben beschriebenen Art gewölbt, die kleine Klappe ist
durchaus flach. Der Schnabel am Steinkern der grösseren Klappe
ist verhältnissmässig kurz und breit und unterscheidet sich dadurch
von *Orthis Iodanensis*, die Muskeleindrücke der kleinen Klappe
scheinen einen mehr gerundeten Umriss zu besitzen, als bei der
genannten Art.

7 Exemplare von der Papiermühle bei Haiger in der Sammlung des Verfassers.

Von den bisher bekannt gewordenen unterdevonischen Orthis-
arten unterscheiden sich die beiden neuen Formen leicht durch
die starke Wölbung der grossen Klappe und die Flachheit der
Dorsalschale.

Spirifer.

Spirifer Mischkoi n. sp.

Taf. III, Fig. 1, 1a, 1b, 1c.

Die neue Art steht in Bezug auf Grösse, äussere Form und
Höhe der Area dem *Spirifer subcuspidatus* nahe, unterscheidet sich
jedoch von diesem durch einige in die Augen fallende Merkmale:

Die Zahl der Falten ist viel geringer; dieselbe beträgt auf den Ventralklappen zweier gleich grosser Exemplare von *Spirifer Mierkiei* und *subcuspidatus* 5, bezw. 11. Ferner erstrecken sich bei der neuen Art die beiden Zahnstützen der grossen Klappe nur eine ganz geringe Strecke von der Spitze nach dem Stirnrand zu, etwa halb so weit als bei *Spirifer subcuspidatus*. Der Sinus der grossen Klappe ist flach und von geringer Breite, der Sattel auffallend schmal. Der Umriss des Stirnrandes ist ziemlich gleichmässig gerundet. Die Breite beträgt 3—3,3 Centimeter, die Entfernung des Stirnrandes von der Spitze 1,5 Centimeter, die Höhe der Area 1 Centimeter.

Die Mehrzahl der mir zu Gebote stehenden (27) Exemplare verdanke ich der Freundlichkeit meines Vetters, des Herrn CARL MISCHKE, nach welchem ich die Art benenne.

Zum Vergleich füge ich die Abbildungen des typischen *Spirifer subcuspidatus* (Fig. 3) und der mut. *alata* KAYSER [1]) bei (Fig. 2, 2a), welche letztere auf die obersten Cohlenzschichten und die Zone des *Spirifer cultrijugatus* im Mitteldevon beschränkt ist. Bemerkt sei noch, dass bereits in den unteren Cohlenzschichten der Eifel (Zendscheid und Stadtfeld), sowie im Siegenschen (Daaden) Spiriferen vorkommen, die von dem typischen *Spirifer subcuspidatus* kaum unterscheidbar sein dürften.

Combophyllum.
Combophyllum germanicum n. sp.
Taf. III, Fig. 6a, 6a, 6b.

Die Koralle bildet flache, sehr dünne Scheiben von elliptischem Umriss und 1,5 Centimeter Durchmesser. Die Aussenseite zeigt keine Spur von einer Theka, sondern ist mit deutlichen, radial gestellten Septaleindrücken bedeckt, die den Septen der Oberseite entsprechen. Die letzteren erstrecken sich niemals bis zum Mittelpunkt; der in der Mitte frei bleibende Raum ist mehr oder weniger ausgedehnt. Die Deutlichkeit der fiederstelligen Anordnung der Septen richtet sich nach der Länge derselben. Bei Fig. 6a mit

[1]) Zeitschr. d. Deutsch. geol. Ges. 1871, S. 573.

Ilagoren Septen ist die symmetrische Anordnung wesentlich deutlicher als bei Fig. 6 b.

Die Septalgrube ist verhältnissmässig breit und durchsetzt fast die ganze Dicke der Scheiben. Das Hauptseptum ist sehr klein; ebenso besitzen die beiden neben demselben liegenden Septen eine erheblich geringere Grösse als die übrigen. Gegen- und Seitensepta sind nicht besonders ausgezeichnet. In jedem Quadranten liegen 5 Septa erster und eben so viele zweiter Ordnung. Die letzteren sind allerdings auf der Oberseite kaum angedeutet, jedoch wird ihr Vorhandensein durch die Beschaffenheit der Unterseite sichergestellt. Die Septa erster Ordnung lösen sich nach der Mitte zu in undeutliche Septaldornen auf.

Die beiden einzigen vorliegenden Exemplare sind als Abdrücke erhalten und wurden von Herrn Mischke gefunden.

Die beiden durch Milne Edwards und Haime beschriebenen Arten von *Combophyllum* stammen aus dem Unterdevon von Brest und Léon (Pena de la Venera). *Combophyllum Leonense*[1]) steht der neuen Art am nächsten, unterscheidet sich jedoch durch stärkere Entwickelung der Septa zweiter Ordnung und schwächere Ausbildung der Septalgrube. Dagegen besitzt *Combophyllum Marianum* Vern.[2]) aus dem Unterdevon der Sierra Morena nur geringe Aehnlichkeit mit der deutschen Form.

Das völlige Fehlen der Theka ist als charakteristische Eigenthümlichkeit von *Combophyllum* gegenüber *Microcyclus* zu bezeichnen.

Eine bereits von E. Kayser erwähnte neue Art dieser letzteren Gattung findet sich am Eingang des Rupbachthals ebenfalls in den obersten Coblenzschichten. Sie unterscheidet sich von *Microcyclus eifliensis* Kayser durch geringeren Durchmesser der Septa und deutlichere Ausbildung der Septalfurche. Leider ist die Erhaltung der vorliegenden Abdrücke sehr ungünstig.

[1]) Monographie des polypiers fossiles des terrains palaeozoiques p. 359. Tab. 6. Fig. 6.

[2]) Bulletin de la société géologique de France, 2. série, t. 12, (1855), p. 1013, t. 28, f. 11.

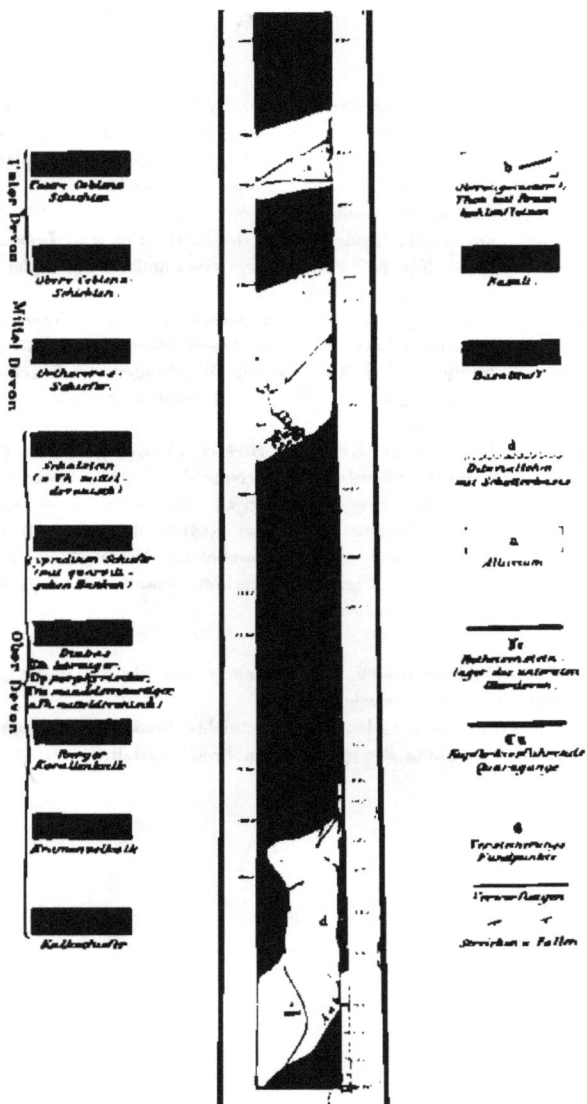

Tafel II.

Fig. 1. *Goniatites (Tornoceras) mithracoides* n. sp. Unterstes Oberdevon. Grube Volpertseiche bei Eibach. Fig. 1a. Lobenlinie. Fig. 1b. Desgl. Jüngeres Exemplar. Oberscheld. Fig. 1β. Lobenlinie desselben.

Fig. 2. *Goniatites (Prolecanites) triphyllus* n. sp. Unterster Oberdevonkalk. Büdesheim in der Eifel. Fig. 2β. Lobenlinie. Fig. 2a. Seitenansicht eines anderen Exemplars. Sammlung des Verfassers.

Fig. 3a. *Goniatites (Prolecanites) lunulicosta* SANDB. Unterstes Oberdevon (Zone des *G. lunulicosta*) Oberscheld. Fig. 3a_1. Skulptur. Fig. 3a_2. Innerste Windungen von Fig. 3a. Stark vergrössert. Fig. 3b. Lobenlinie eines anderen Exemplars.

Fig. 4a. *Goniatites (Prolecanites) Beckeri* (GOLDF.) L. v. B. Unterstes Oberdevon. Oberscheld. Fig. 4b. Kleineres Exemplar ebendaher. Fig. 4β. Lobenlinie desselben.

Fig. 5a. *Goniatites (Prolecanites) tridens* SANDB. Unterstes Oberdevon. (Zone des *G. lunulicosta*) Grube Anna bei Oberscheld. Fig. 5a. Querschnitt desselben Exemplars. Fig. 5z_1. Lobenlinie.

Die Abbildungen sind, mit Ausnahme von Fig. 3a_1 und 3a_2, in natürlicher Grösse gezeichnet.

Die Originale befinden sich, wo nichts besonderes bemerkt ist, in der Sammlung der geologischen Landesanstalt.

Tafel III.

Fig. 1 — 1c. *Spirifer Mischkei* n. sp. Oberste Coblenzschichten. Papiermühle bei Haiger. Steinkerne in natürlicher Grösse.

Fig. 2, 2a. *Spirifer subcuspidatus* Schnur, und. *alata* Kayser. Ebendaher. 2 Ansichten desselben Exemplars in natürlicher Grösse.

Fig. 3. *Spirifer subcuspidatus* Schnur. Obere Calceolaschichten. Auburg bei Gerolstein. Natürliche Grösse.

Fig. 4 — 4γ. *Orthis fodanensis* n. sp. Fig. 4, 4a. Obere Coblenzschichten. Coblenz. Natürliche Grösse. Sammlung d. geol. Landesanstalt. Fig. 4b. Desgl. von Oberlahnstein. Sammlung d. geol. Landesanstalt. Fig. 4c, 4γ. Schalenexemplar aus den obersten Coblenzschichten der Papiermühle bei Haiger.

Fig. 5a — 5c. *Orthis dorsoplana* n. sp. Oberste Coblenzschichten. Papiermühle bei Haiger. Natürliche Grösse. Fig. 5a, α. Schalenexemplar. Fig. 5b. Combinirt aus 2 Steinkernen. Fig. 5c. Vergrösserte Oberfläche.

Fig. 6a — 6b. *Conbophyllum germanicum* n. sp. Oberste Coblenzschichten. Papiermühle bei Haiger. Fig. 6a. Innenseite ³/₆. Fig. 6a. Aussenseite desselben Exemplars. Natürliche Grösse. Fig. 6b. Ein anderes Exemplar ebendaher.

Fig. 7a — 7d. *Cryphaeus supradevonicus* n. sp. Unterster Oberdevonkalk. Büdesheim in der Eifel. Fig. 7a, 2:1. Fig. 7c, 3:1. Fig. 7b, 7d, natürliche Grösse.

Die Originale befinden sich, wo nichts besonderes bemerkt ist, in der Sammlung des Verfassers.

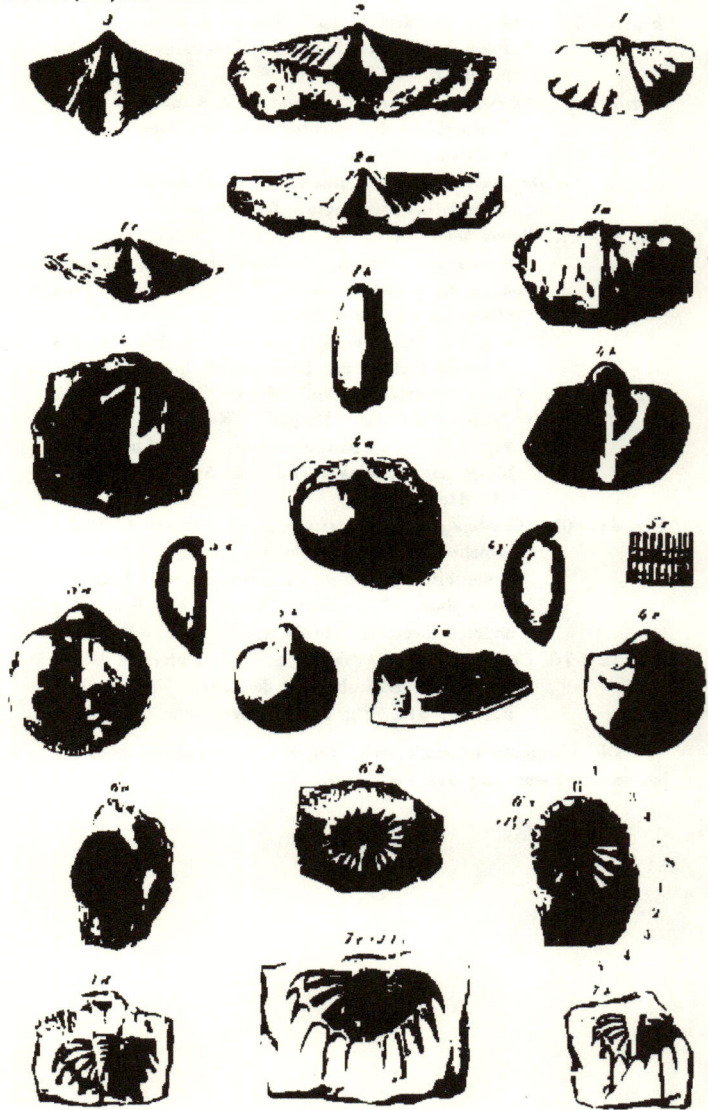

Abhandl d geolog Landesanstalt Bd VIII Heft 1

www.ingramcontent.com/pod-product-compliance
Lightning Source LLC
Chambersburg PA
CBHW032137080426
42733CB00008B/1113